Flex und Flo 3

W0219384

Sachrechnen und Größen

Erarbeitet von
Marion Krones und Babette Steiner
in Zusammenarbeit mit der
Redaktion Grundschule.

Unter beratender Mitwirkung von
Rolf Breiter, Britta Decker, Sandra Felix,
Anja Göttlicher und Sabine Willmeroth.

Diesterweg®

Zeichenerklärung

Mathekonferenz

- Beschäftige dich zuerst alleine mit der Aufgabe.
- Notiere deine Überlegungen.
- Suche dir mindestens zwei Kinder, die sich auch mit der Aufgabe beschäftigt haben.
- Stellt euch gegenseitig eure Überlegungen vor.
- Sprecht darüber.

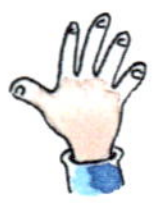

Benutze Material!

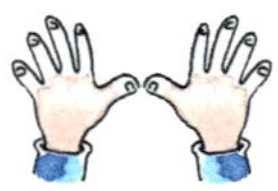

Partnerarbeit

Aufgaben zur Differenzierung mit einem höheren Anspruchsniveau

Weitere Übungen im Arbeitsheft auf der angegebenen Seite

Lernstandskontrolle

im Diagnoseheft „Mein Weg durch die Mathematik“ (ISBN 978-3-425-13218-1)

Inhaltsverzeichnis

Sachaufgaben lösen

	Tipp
Lies den Text genau.	*Erzähle jemandem die Aufgabe mit deinen Worten.*
Welche Angaben sind wichtig? Wie heißt die Frage?	*Markiere oder notiere wichtige Angaben.*
Was musst du rechnen?	(+) (−) (·) (:)
Schreibe die Rechnung auf und löse sie.	*Manchmal hilft dir auch eine Skizze oder eine Tabelle. Überprüfe deine Lösung (Umkehraufgabe, Überschlag).*
Schreibe eine Antwort.	*Überprüfe die Antwort, passt sie zu der Frage?*

1 Welche Frage findest du zu der Aufgabe?
Welche Angaben brauchst du für die Lösung?

Sachrechnen – Fragen und Angaben

1 a) Welche Fragen passen zum Text?

Katja und Ella spielen zusammen Federball.
Katja ist 9 Jahre alt,
Ella ist ein Jahr älter.
Ella hat schon sechsmal gewonnen,
Katja erst dreimal.

A: Wie alt ist Ella?

B: Wie oft hat Ella gewonnen?

C: Wie oft haben sie schon gespielt?

D: Wie lange spielen sie schon?

E: Wie alt sind sie zusammen?

b) Suche dir eine passende Frage aus.
Welche Angaben brauchst du für die Lösung?
Schreibe Frage, Rechnung und Antwort in dein Heft.

2 Lies den Text genau und finde eine passende Frage.
Löse deine Aufgabe.

a) Paula hat 2 Hamster.
Die haben 8 Junge bekommen.
3 sind ganz weiß.

b) Luka und Ben gehen ins Kino.
Eine Karte kostet 4 €.
Ben kauft noch Popkorn für 2 €.

c) Pia hat 20 € gespart.
Sie kauft sich eine CD für 12 € und ein Comic-Heft für 3 €.

d) Lisa hatte 5 Meerschweinchen. Nun hat eins 4 Junge bekommen.
Ihre Mutter sagt, sie muss 3 Junge verschenken.

e) Paulas Schulweg dauert 8 Minuten.
Lea braucht 5 Minuten länger.
Diese Woche ist nur an 4 Tagen Schule.

Sachrechnen – Angaben prüfen

1 Max ist doppelt so alt wie sein Bruder, aber nur halb so alt wie seine Schwester.
Wie alt sind die Geschwister?

Welche Angaben brauchst du nicht für die Lösung der Aufgabe?

A: Seine Schwester heißt Pia.

B: Max ist im zweiten Schuljahr.

C: Seine Schwester ist 12 Jahre alt.

D: Max wiegt 16 Kilogramm.

Ich brauche nicht: …

2 Welche Angaben brauchst du, wenn die Frage lautet:
Wie viel wiegt Pia, wenn sie doppelt so schwer ist wie Max?

Ich muss wissen, …

3 Welche Angaben fehlen, damit du die Aufgaben lösen kannst?
Denke dir die fehlenden Angaben aus und löse die Aufgaben.

a) Paula fährt mit dem Fahrrad 3 Kilometer zu ihrer Freundin.
Zusammen fahren sie weiter zu Paulas Oma.
Wie viele Kilometer ist Paula gefahren?

b) Die Oma lädt die beiden zu einem Eis ein. Sie essen jede ein Eis mit drei Kugeln.
Wie viel muss die Oma bezahlen?

c) Paula ist um 15.00 Uhr von zu Hause gestartet.
Sie bleibt bis um 17.30 Uhr bei ihrer Oma.
Um wie viel Uhr ist sie wieder zu Hause?

d) Im nächsten Jahr hat die Oma einen runden Geburtstag.
Dann ist sie 50 Jahre älter als Paula.

4 Schreibe eine Rechengeschichte, in der diese Angaben vorkommen.

a) 2 € Eintritt
12 Kinder

b) Geburtstagsfeier
8 Jungen und
7 Mädchen

c) Fahrzeit 1 Stunde
Abfahrt 17.15 Uhr

d) Fußballspiel
16.00 Uhr

Sachrechnen – Angaben in Tabellen

Name	Größe	Alter	Hobby
Tom	143 cm	9 Jahre	Handball
Lea	139 cm	10 Jahre	Singen

1 Beantworte die Fragen mit Hilfe der Tabelle.

a) Wie groß ist Tom?
Wie alt ist Tom?
Welches Hobby hat Tom?

b) Wie groß ist Lea?
Wie alt ist Lea?
Welches Hobby hat Lea?

Name	Größe	Alter	Hobby
Jill	134 cm	8 Jahre	Reiten
Mustafa	140 cm	9 Jahre	Hockey
Nora	147 cm	9 Jahre	Fußball
Jakob	142 cm	10 Jahre	Schwimmen
Laura	138 cm	9 Jahre	Lesen

2 Beantworte die Fragen mit Hilfe der Tabelle.

a) Wie groß ist Mustafa?
b) Wie alt ist Jakob?
c) Wer ist 8 Jahre alt?
d) Wer spielt gerne Fußball?

3 Beschreibe die Kinder.

Jill ist 134 cm groß. Sie ist die kleinste und jüngste. Ihr Hobby ist Reiten.

Mustafa ist …

4 Welches Kind ist gemeint? Schreibe den Namen auf.

a) Es ist nicht das älteste, aber das größte Kind.
b) Es ist ein Mädchen, aber nicht das jüngste. Drei Kinder sind größer als es.
c) Das Kind ist nicht das älteste. Sein Hobby ist Hockey spielen.

5 Erstellt eine ähnliche Tabelle für Kinder aus eurer Klasse.
Beschreibt ein Kind. Lasst die anderen raten, welches Kind ihr gemeint habt.

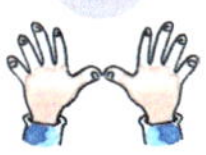

Sachrechnen – Mit Tabellen lösen

1 Zeichne eine Tabelle wie Flo in dein Heft. Fülle sie aus und löse damit die Aufgabe.

2 Herr Steffen verkauft in seinem Kiosk auch Süßigkeiten.
Damit er nicht jedes Mal lange rechnen muss,
hat er Tabellen für die Preise erstellt.
Für saure Schlangen sieht sie so aus:

Anzahl Schlangen	Preis
1	20 Cent
2	40 Cent
3	60 Cent
4	80 Cent

Wie viel kosten 7 saure Schlangen,
10 saure Schlangen, 20 saure Schlangen?

Zeichne eine Tabelle wie Herr Steffen.
Fülle sie aus und löse damit die Aufgabe.

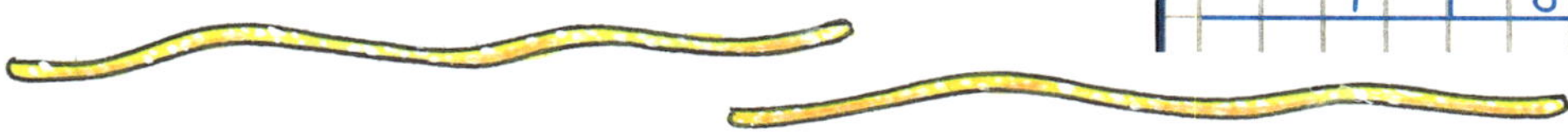

3 Ein Lutscher kostet bei Herrn Steffen 15 Cent.

a) Wie viel kosten 2 Lutscher, 3 Lutscher, …, 10 Lutscher?
Löse die Aufgabe mit einer Tabelle.

b) Ein Überraschungs-Ei kostet 70 Cent.
Wie viel kosten 2, 4, 7, 15 Überraschungs-Eier?

4 Kannst du diese Aufgaben auch mit einer Tabelle lösen?

a) Lea will zu ihrem Geburtstag
15 Kinder einladen.
Um 5 Einladungen zu schreiben,
braucht sie 30 Minuten.
Wie lange braucht sie für
alle Einladungen?

b) Für ihre 15 Gäste
malt Lea Platzkarten.
Sie schafft 3 Stück in
20 Minuten.
Für ihre eigene braucht sie
15 Minuten.

Sachrechnen – Mit Skizzen lösen

1

Wer hat die richtige Skizze zu der Aufgabe gezeichnet?
Zeichne eine eigene Skizze zu der Aufgabe.

2 Löse diese Aufgabe mit einer Skizze:
Olli ist 20 cm kleiner als sein großer Bruder Lars.
Lars ist 152 cm groß. Wie groß ist Olli?

3 Welche Skizze passt zu der Aufgabe?
Lea und Fatima stehen 100 m voneinander entfernt.
Sie gehen aufeinander zu. Lea geht 20 m, Fatima geht 25 m.
Wie weit sind sie nun noch voneinander entfernt?

4 Welche Skizze passt zu der Aufgabe?

Max kauft 3 Bälle für jeweils 2 € und einen Schläger für 14 €.

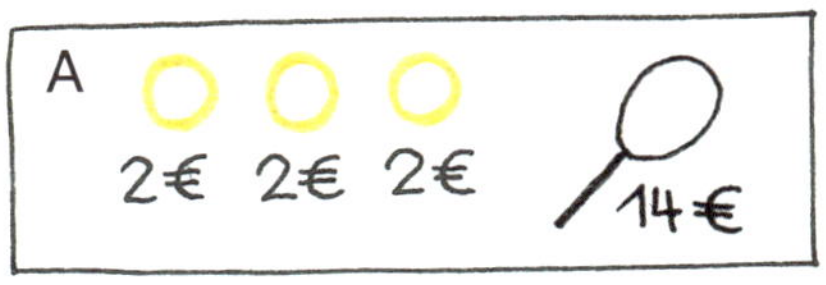

5 Löse die Aufgaben mit einer Skizze.

a) Lea kauft 2 Bücher für jeweils 5 € und eine CD für 8 €.

b) Peter kauft 5 Hefte für zusammen 4 € und 2 Bücher für jeweils 6 €.

6 Schreibe eine Rechengeschichte, die zu der Skizze passt.

a)

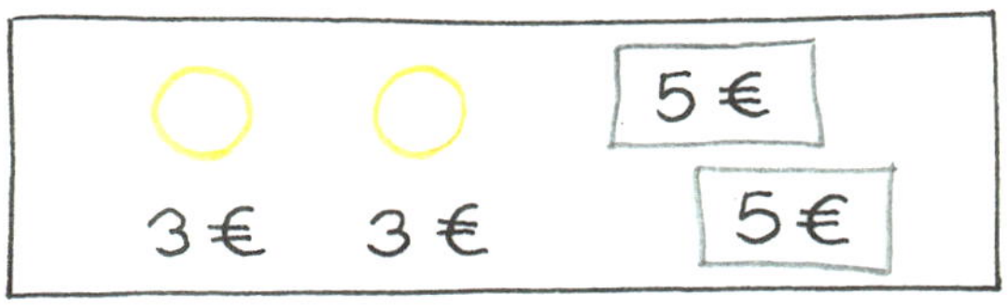

b)

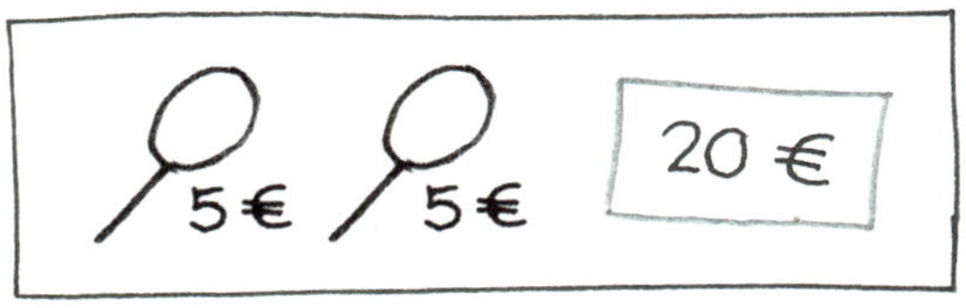

1 a) Schau dir das Bild an und erzähle, was du siehst.
b) Überlege mindestens vier Fragen, die dein Partner direkt mit den Zahlen aus den Preislisten beantworten kann.

2 Überlege dir drei Fragen, zu denen man Rechenaufgaben finden kann.
Findet dein Partner die Rechnungen und Antworten dazu?

3 Schreibe kleine Rechengeschichten zu dem Bild.

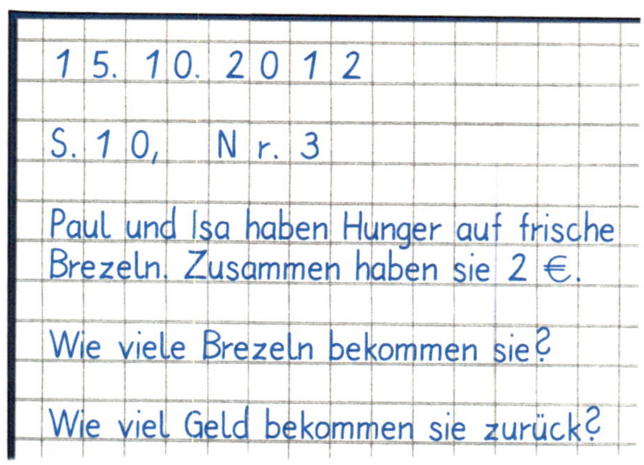

Geld – Euro

AH S. 50

Der Euro ist die Währung in vielen Ländern der EU:
Belgien, Deutschland, Irland ...

1 Bringt Euro- und Cent-Münzen aus anderen Ländern mit.
Schaut euch alle Münzen und Scheine genau an. Was stellt ihr fest?

2 Wie viel Geld ist es?

a) 

b) 

c) 

d) 

e) 

f) 

3 Wie kannst du 600 € legen mit a) 3 Scheinen, b) 4 Scheinen, c) 5 Scheinen?

4 Mit welchen Scheinen und Münzen kannst du die Geldbeträge legen?
Finde immer drei Möglichkeiten. Notiere im Heft.
a) 355 € b) 142 € c) 413 € d) 575 € e) 681 €

5 Wie viel Geld könnte im Portmonee sein?
Es ist kein 500-Euro-Schein dabei.
a) 2 Geldscheine b) 3 Geldscheine
c) 4 Geldscheine d) 5 Geldscheine
e) 6 Geldscheine, davon sind 3 gleich.

a) 5 € + 5 € = 10 €
10 € + 5 € =

1 bis 4 Kopiervorlage in den Lehrermaterialien.

Geld – Kommaschreibweise

AH S. 51

1 a) Wie viel Geld hat jedes Kind?
Schreibe die Beträge in eine Tabelle.

S. 12, Nr. 1

	10 €	1 €	10 ct	1 ct
a)		2	5	7

Emma

Christian

Michael

Jasmin

Luka

b) Schreibe die Sätze vollständig in dein Heft.

A: Jasmin hat mehr Geld als …

B: … hat das meiste Geld.

C: Christian und Luka haben …

D: Michael hat ___ ct mehr als Christian.

2

325 ct = 3 € 25 ct = 3,25 €

Das Komma trennt Euro und Cent.

Wie viel Geld ist es? Schreibe die Beträge in eine Tabelle und daneben als Kommazahlen.

a)

S. 12, Nr. 2

	10 €	1 €	10 ct	1 ct	
a)		3	6	5	3,65 €

b)

c)

d)

Geld – Kommaschreibweise

AH S. 51

1 Schreibe die Beträge als Kommazahlen.

a)	b)	c)
205 ct	21 ct	279 ct
73 ct	310 ct	3 ct
6 ct	545 ct	43 ct
321 ct	709 ct	301 ct
54 ct	810 ct	253 ct

a) 205 ct = 2,05 €
73 ct = 0,73 €
6 ct = 0,06 €

2 Wie viel Cent sind es? Wandle um.

a)	b)	c)	d)
2,06 €	0,07 €	10,00 €	0,70 €
0,83 €	1,34 €	8,17 €	5,40 €

a) 2,06 € = 206 ct
0,83 € = 83 ct

3 Schreibe als Kommazahlen.

a)	b)	c)
4 € 1 ct	8 € 20 ct	10 € 10 ct
6 € 24 ct	4 € 30 ct	6 € 2 ct
3 € 40 ct	50 € 10 ct	79 ct

a) 4,01 €
6,24 €

4 Wer hat am meisten bezahlt?

5 Schreibe alle Beträge als Kommazahlen.
Sortiere sie der Größe nach. Beginne mit dem kleinsten Betrag.

0,13 € < 3,02 €

4 € 10 ct | 350 ct | 3 € 2 ct

0,13 € | 8,20 € | 7 Euro | 6,08 €

6 Wie viel Geld fehlt bis zum nächsten vollen Eurobetrag? Ergänze.

a)	b)
3,56 € + ___ = 4,00 €	4,33 € + ___ = 5,00 €
2,70 € + ___ = 3,00 €	6,48 € + ___ = 7,00 €
1,90 € + ___ = 2,00 €	8,52 € + ___ = 9,00 €
7,15 € + ___ = 8,00 €	7,86 € + ___ = 8,00 €

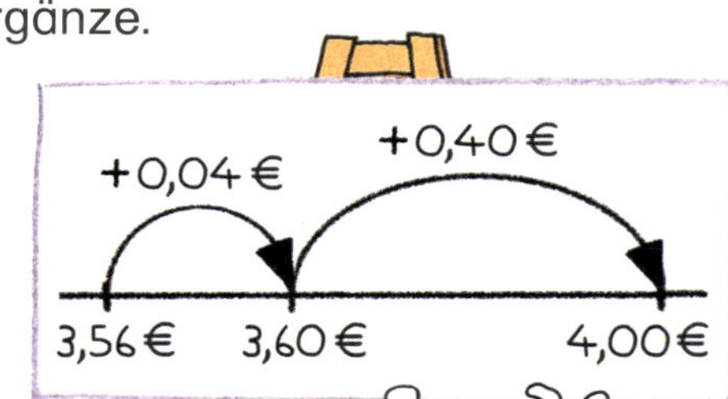

7

a)	b)
6,50 € – ___ = 6,00 €	6,07 € – ___ = 6,00 €
4,60 € – ___ = 4,00 €	4,85 € – ___ = 4,00 €
2,35 € – ___ = 2,00 €	9,40 € – ___ = 9,00 €
1,03 € – ___ = 1,00 €	7,01 € – ___ = 7,00 €

Geld – Rechnen mit Kommazahlen

AH S. 52

1 Wie löst du die Aufgabe? Findest du noch andere Rechenwege?

Paul will das Auto und den Ball kaufen.
Wie viel Geld muss er bezahlen?

2,80 € + 3,70 € =
280 ct + 300 ct = 580 ct
580 ct + 70 ct =

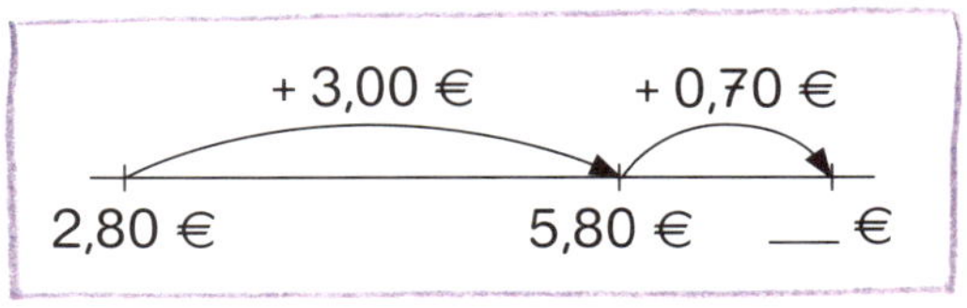

2,80 € + 3,70 € =
2,80 € + 3,00 € = 5,80 €
5,80 € + 0,70 € =

2 a) Anna kauft die Puppe und den Teddy.
b) Paul kauft den Bagger und das Buch.
c) Tom kauft den Lastzug und die Trillerpfeife.
d) Was würdest du kaufen?

3

a)	b)	c)	d)
2,40 € + 0,20 €	0,50 € + 7,50 €	3,70 € + 0,40 €	6,04 € + 2,05 €
3,50 € + 0,50 €	4,80 € + 3,90 €	1,00 € + 2,90 €	5,05 € + 0,02 €
6,10 € + 1,90 €	1,60 € + 6,30 €	3,20 € + 5,20 €	2,70 € + 5,02 €

4 Wie löst du die Aufgabe? Findest du noch andere Rechenwege?
Tom hat 10 €. Er kauft einen Ball.

10,00 € – 3,70 € =
10,00 € – 3,00 € = 7,00 €
7,00 € – 0,70 € =

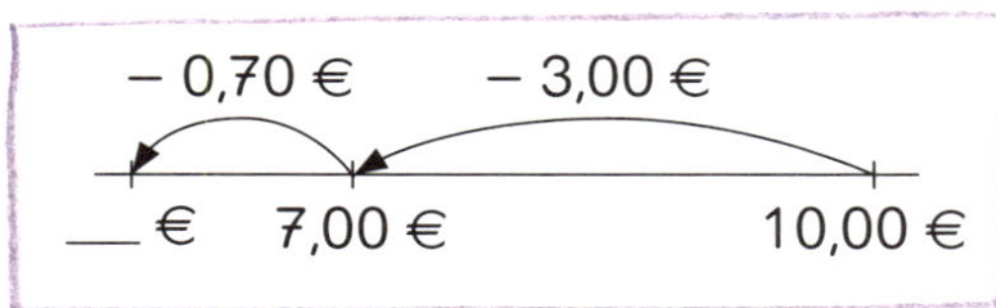

5 Wie viel Geld bekommst du zurück?

a) 

b) 

c) 

d) 

6

a)	b)	c)	d)
3,00 € – 0,30 €	7,00 € – 5,20 €	15,50 € – 12,00 €	8,09 € – 1,07 €
3,70 € – 0,50 €	8,55 € – 3,40 €	19,30 € – 15,00 €	6,07 € – 4,03 €
4,90 € – 0,80 €	6,25 € – 1,00 €	17,50 € – 14,00 €	8,40 € – 5,05 €

Lernstandskontrolle S2

Geld – Kommazahlen multiplizieren

AH S. 53

1 Wie viel kostet es?

a) 5 Mohnbrötchen b) 8 Roggenbrötchen
c) 10 Brezeln d) 4 Rosinenbrötchen

a) 5 · 30 ct = 150 ct
150 ct = 1,50 €

2 Wie viel kostet es zusammen?

a) 2 Berliner und 2 Brezeln b) 4 Roggenbrötchen und 5 Mohnbrötchen
c) 5 Brezeln und 5 Mohnbrötchen d) 8 Mohnbrötchen und 9 Roggenbrötchen

3 Multipliziere jede Zahl mit jedem Betrag.

a)

4	7	3	·	20 ct	90 ct	80 ct

b)

5	9	6	·	70 ct	30 ct	40 ct

4 a) Tina zahlt 2,70 € für Berliner.
Wie viele Berliner hat sie gekauft?
b) Tom zahlt 5,60 € für Brezeln.
c) Lea zahlt 6,30 € für Berliner.

a) 2,70 € = 270 ct
270 ct = 3 · 90 ct

5 Kevin kauft 3 Puddingteilchen.
Wie viel Euro muss er bezahlen?
Erkläre wie Flo rechnet.

6 a) 3 · 1,50 € b) 6 · 1,40 €
8 · 1,10 € 7 · 1,20 €
5 · 1,80 € 4 · 1,60 €

7 a) Jutta hat 6,90 € bezahlt. Welcher Einkaufszettel gehört ihr?

Ⓐ 3 Mohnbrötchen, 3 Brezeln, 4 Rosinenbrötchen

Ⓑ 5 Roggenbrötchen, 1 Nussecke, 2 Berliner

Ⓒ 2 Puddingteilchen, 3 Berliner, 4 Roggenbrötchen

b) Wie viel kosten die anderen Einkäufe?

Geld – Kommazahlen dividieren

AH S. 54

1 a) Luka kauft die beiden Zeichenblöcke.
Emma kauft ihm einen ab.

2,24 € : 2 =
2,00 € : 2 = 1,00 €
0,24 € : 2 = 0,12 €

b) Lea kauft die drei Hefte.
Sie verkauft eins an Tom.

3,90 € : 3 =
300 ct : 3 = 100 ct
90 ct : 3 = 30 ct

2 Wie viel kosten die Dinge einzeln?

a) b) c) d) e) f)

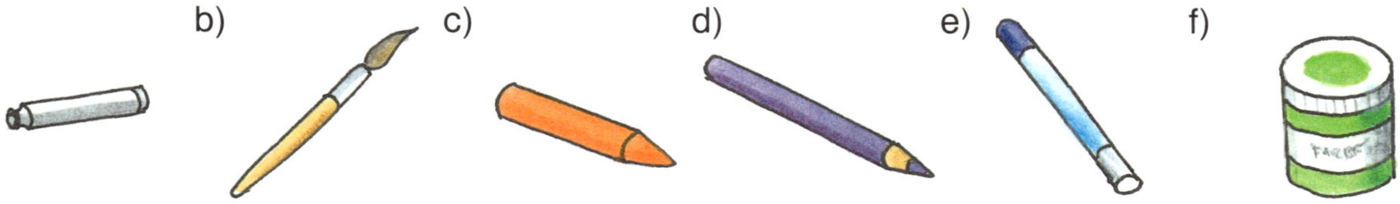

3 Wie viel kosten die Dinge einzeln?

a) 4 Anspitzer kosten 4,24 €.
b) 6 Filzstifte kosten 3,42 €.
c) 7 Radiergummis kosten 4,34 €.
d) 8 Bleistifte kosten 6,88 €.

4

a)	b)	c)	d)	e)
0,99 € : 3	2,20 € : 4	6,24 € : 6	4,06 € : 7	6,25 € : 5
0,58 € : 2	6,80 € : 8	4,55 € : 5	2,24 € : 4	10,00 € : 8
0,28 € : 7	0,91 € : 7	8,56 € : 8	6,45 € : 3	5,00 € : 4
0,18 € : 2	3,60 € : 9	3,60 € : 8	9,03 € : 3	2,50 € : 2

5 Jonas, Silke und Jens helfen Opa Krause bei der Gartenarbeit.
Er schenkt ihnen dafür das Kleingeld aus seinem Portmonee.
Es sind 7,02 €.

6 Nele, Iris und Lina haben ihr gemeinsames Sparschwein geschlachtet.
Sie haben 7,20 € gezählt. Mit diesem Geld gehen sie Eis essen.
Eine Eiskugel kostet 60 Cent.

Geld – Reicht das Geld?

1 

a) Pit und Petra haben zusammen 14 €. Sie möchten eine Lasagne und eine Salami-Pizza. Reicht das Geld?

b) Welche zwei Pizzen können sie für 14 € bestellen?

2

a) Können die drei Freundinnen drei Portionen Lasagne kaufen?

b) Reicht ihr Geld, wenn sie 25 € haben?

3

Nele holt für ihre Familie Pizza:
zweimal Calzone,
einmal Salami und einmal Speciale.
Reichen 24 €?

4 

a) Herr Leitenberger holt am Abend für seine Familie eine Lasagne, zweimal Nr. 4 und eine Pizza Pollo. Kommt er mit 30 € aus?

b) Mittags kostet jedes Gericht einen Euro weniger. Was müsste Herr Leitenberger dann bezahlen?

5

Kann das stimmen? Begründe.

a) Frau Schuster kauft zwei Bauernsalate. Sie soll 10,80 € bezahlen.

b) Tom zahlt seine Pizza Margherita mit einem 10-Euro-Schein. Er bekommt 2,80 € zurück.

c) Lea meint, sie bekommt 3 Pizzen Tonno für 20 €.

6

Was würdest du für 20 € kaufen? Wie viel Geld bekommst du dann zurück?

Geld – Schriftlich addieren mit Kommazahlen

AH S. 55

1 Lea kauft einen Kompass und einen Flummi. Wie viel Geld muss sie bezahlen?

2 a) Paul kauft einen Kompass und ein Kartenspiel.
b) Lea kauft den Magnetschmuck und einen Stempel.
c) Tom kauft ein Buch und die Marionette.

3 Was haben die Kinder gekauft?
a) Emma kauft zwei Dinge, die zusammen 6,34 € kosten.
b) Lea kauft drei Dinge, die zusammen 8,29 € kosten.

4

a)	b)	c)	d)	e)
6,25 €	7,29 €	4,85 €	8,79 €	2,94 €
+ 3,45 €	+ 2,65 €	+ 3,99 €	+ 1,17 €	+ 5,73 €

5

a)	b)	c)	d)
5,75 €	9,95 €	3,69 €	9,77 €
+ 3,23 €	+ 5,74 €	+ 8,50 €	+ 5,65 €
+ 4,49 €	+ 5,55 €	+ 4,85 €	+ 0,15 €

6 Addiere schriftlich.
Rechne nur die Aufgaben, deren Summe kleiner als 100 € ist.

a)	b)	c)	d)
54,73 €	37,28 €	81,75 €	20,38 €
+ 57,49 €	+ 49,89 €	+ 9,67 €	+ 88,51 €

Geld – Schriftlich subtrahieren mit Kommazahlen

AH S. 56

1 Du hast 10 €. Wie viel Geld bleibt übrig, wenn du
a) einen Farbkasten kaufst?
b) ein Heft kaufst?
c) einen Füller kaufst?
d) eine Schere kaufst?

2

a)	b)	c)	d)	e)
9,99 €	8,95 €	7,49 €	10,00 €	9,50 €
– 3,65 €	– 5,79 €	– 6,99 €	– 6,99 €	– 7,25 €

3 Wie viel Geld bekommen die Kinder zurück?

a)

b)

c)

d)

4
a) 8,71 € – 5,82 €
6,03 € – 3,45 €
7,30 € – 4,27 €

b) 5,40 € – 3,60 €
6,78 € – 3,54 €
8,80 € – 5,70 €

c) 11,00 € – 8,35 €
22,00 € – 9,71 €
33,00 € – 7,04 €

d) 30,00 € – 4,05 €
35,00 € – 16,20 €
40,00 € – 24,40 €

5 Subtrahiere schriftlich.
Rechne nur die Aufgaben, deren Differenz größer als 5 € ist.

a) 8,76 € – 2,19 €
b) 7,81 € – 1,97 €
c) 9,52 € – 5,84 €
d) 9,93 € – 6,08 €
e) 8,29 € – 4,72 €
f) 7,95 € – 2,18 €

Geld – Rechnen in Sachsituationen

Familie Schäfer – das sind Mama Renate, Vater Kurt, die Töchter Hanna (11 Jahre) und Maike (9 Jahre) – fährt im Sommer sieben Tage in den Urlaub.

1 Sie mieten eine Ferienwohnung in Carolinensiel.
Die Wohnung kostet am Tag 70 €. Sie wollen 7 Tage bleiben.

2 Am Strand mieten sie sich einen Strandkorb.
Insgesamt muss Familie Schäfer dafür 35,70 € bezahlen.
Wie viel Euro kostet der Strandkorb am Tag?

3 Hanna und Maike bekommen von ihren Eltern 5 €.
Hanna kauft sich ein Eis für 1,30 €.
Maike kauft sich einen Hotdog für 1,95 €.

4 Maike hat 17,50 € Taschengeld gespart.
Sie möchte gerne zweimal reiten gehen.

5 Hanna hat 20 € Taschengeld gespart.
Sie kauft sich am Strand einen Volleyball für 7,95 € und eine Sonnenbrille für 6,29 €.

6 Familie Schäfer besucht das Museumsschiff.
Wie viel Euro Eintritt müssen sie bezahlen?

7 Bis Carolinensiel ist es weit. Um ans Ziel zu gelangen, muss Familie Schäfer zweimal voll tanken. Das Benzin kostet 1,55 € pro Liter. In den Tank passen 40 Liter.

Zeit

1 Wie spät ist es? Gib immer beide Uhrzeiten an.

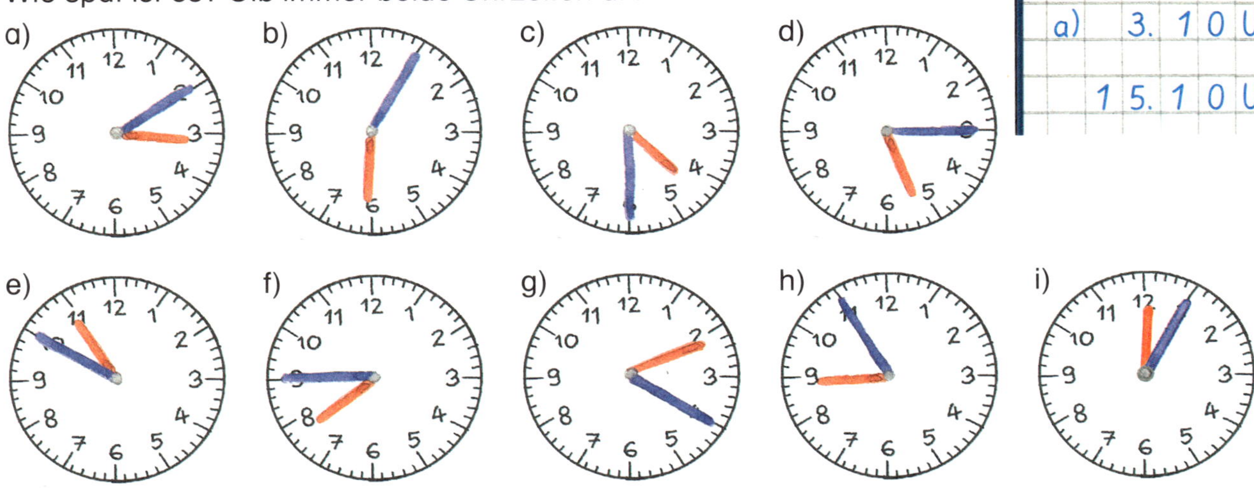

a) 3. 10 Uhr
15. 10 Uhr

Zeit – Minuten

AH S. 57

1

a) 6.12 Uhr
18.12 Uhr

Eine Stunde hat 60 Minuten.
1 h = 60 min

2 Wandle um.

a) 80 min = 1 h 20 min

a)	b)	c)	d)	e)
80 min	100 min	130 min	490 min	20 min
120 min	360 min	450 min	540 min	275 min
90 min	200 min	214 min	370 min	75 min

3 Wandle um.

a) 1 h 10 min = 70 min

a)	b)	c)	d)	e)
1 h 10 min	10 h 2 min	7 h 17 min	4 h 22 min	6 h 32 min
3 h 50 min	5 h 5 min	8 h 1 min	5 h 33 min	5 h 59 min
4 h	1 h 40 min	1 h 15 min	3 h 20 min	2 h 36 min

Zeit – Sekunden

AH S. 57

Eine Minute hat 60 Sekunden.
1 min = 60 s

1 Miss mit einer Stoppuhr. Wie viele Sekunden brauchst du um:
a) die Schuhe zuzubinden?
b) einen Stift anzuspitzen?
c) das Rechenheft aus dem Ranzen zu nehmen?
d) deinen Namen in Schreibschrift zu schreiben?
e) zur Tafel zu rennen?
f) bis 60 zu zählen?

2 Ergänze zur vollen Minute.

a) 40 s	10 s	30 s	50 s
b) 18 s	14 s	23 s	31 s
c) 2 s	29 s	44 s	59 s

a) 40 s + 20 s = 1 min

3 Wandle um. Wie viele Sekunden sind es?

a) 2 min	7 min	3 min	4 min	6 min
b) 9 min	8 min	5 min	10 min	15 min

a) 2 min = 120 s

4

a) 6 min 30 s	2 min 14 s	5 min 22 s
b) 1 min 27 s	10 min 33 s	4 min 44 s

a) 6 min 30 s = 390 s

5 Kannst du das auch schon?

a) 85 s	190 s	260 s	275 s
b) 305 s	297 s	364 s	487 s

a) 85 s = 1 min 25 s

Lernstandskontrolle S5

Zeitspannen

AH S. 58–59

1 Ergänze zur vollen Stunde.

a) 15.38 Uhr —22 min→ 16.00 Uhr

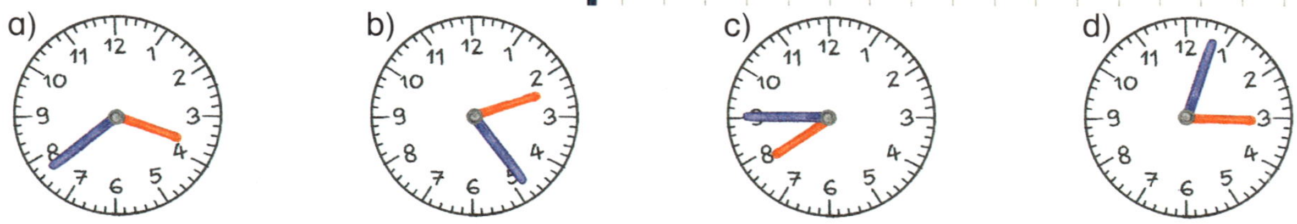

2 Wie viel Zeit ist vergangen?

a) 17.44 Uhr —16 min→ 18.00 Uhr —12 min→ 18.12 Uhr

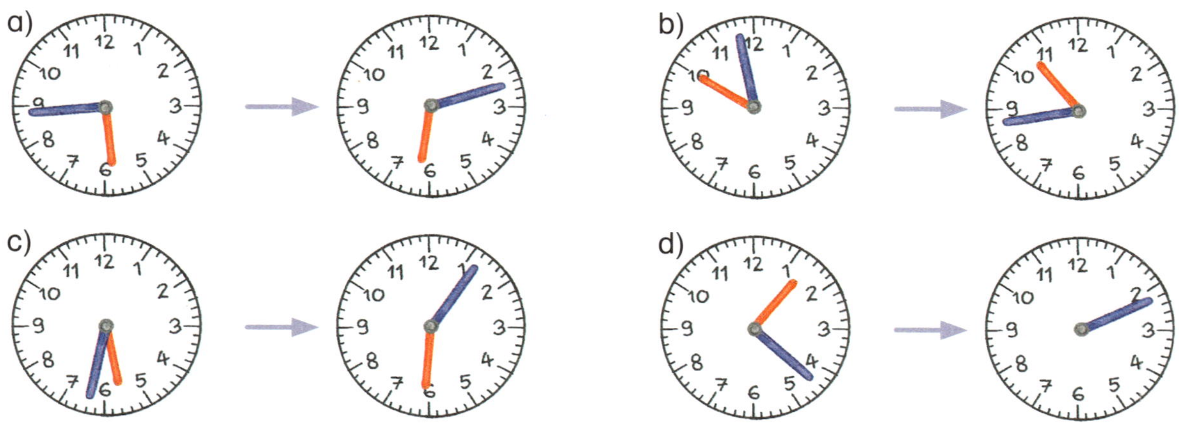

3 Wie spät ist es in …

a) 13.34 Uhr —16 min→ 13.50 Uhr

a) 16 min, 25 min, 47 min, 58 min,

b) 2 h, 2 h 10 min, 2 h 30 min, 3 h 20 min?

4 Wie spät war es vor …

a) 7 min,
b) 18 min,
c) 34 min,
d) 59 min,
e) 27 min?

5 Wie viel Zeit ist vergangen?

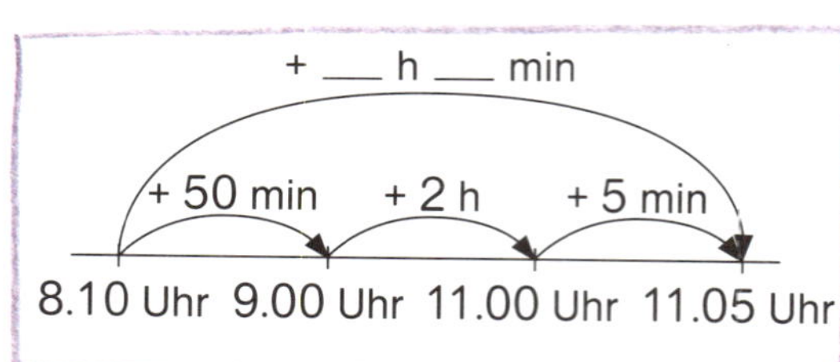

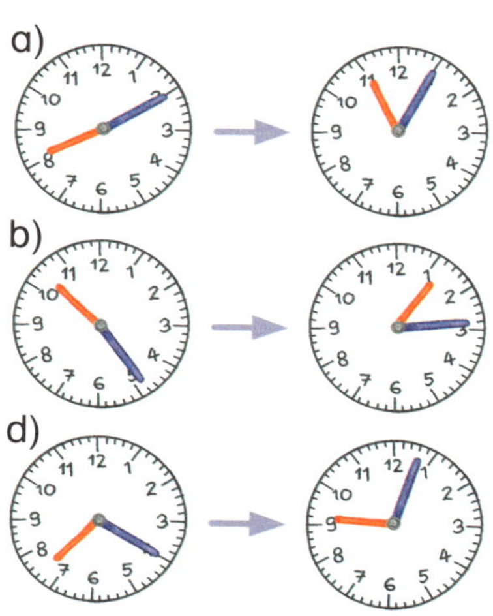

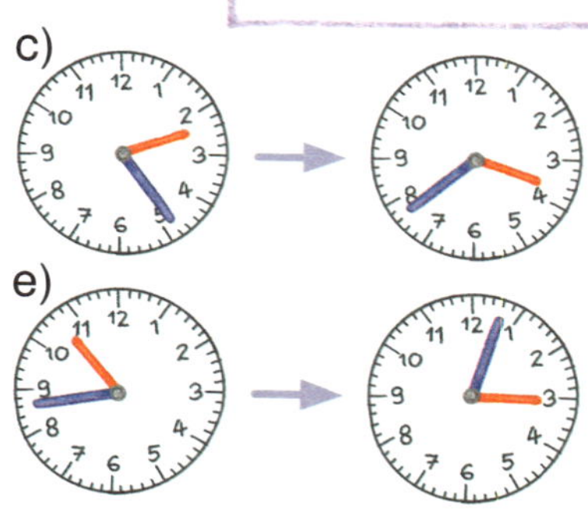

Zeit – Fahrplan

Linie 14

Haltestellen	**Mo-Fr**	**Sa – So**
Busbahnhof	7.05 alle 20 min bis 21.05	7.13 alle 30 min bis 21.13
Lange Straße	7.10	7.18
Schubertplatz	7.21	7.29
Wilhelmstraße	7.24	7.32
Erichweg	7.29	7.37
Unter Reihe	7.41	7.49
Bachstraße	7.47	7.55
Ahornallee	7.55	8.03
Kreuzstraße	8.02	8.10

1 a) Wann fährt am Montag der erste Bus der Linie 14 am Busbahnhof ab?
b) Wann fährt der letzte Bus am Freitag ab?
c) Wann kommt der letzte Bus am Samstag in der Kreuzstraße an?

2 a) Wie lange braucht der Bus vom Schubertplatz bis zur Kreuzstraße?
b) Berechne die Zeitdauer für drei andere Fahrstrecken.

3 Felix steht am Busbahnhof. Er möchte den nächsten Bus der Linie 14 nehmen.
Wann fährt der Bus ab? Wie lange hat Felix noch Zeit?

4 Tina steigt am Schubertplatz in den gleichen Bus wie Felix und fährt 3 Haltestellen mit.
Wie viele Minuten fahren sie gemeinsam?

5 Der Bus der Linie 3 fährt alle 10 Minuten. Schreibe die nächsten 5 Abfahrtzeiten auf.

6 Wann fährt der nächste Bus der Linie 13 ab? Diese Linie fährt alle 15 Minuten.
Schreibe auf, wann die nächsten drei Busse dann abfahren.

7 Wie viele Busse der Linie 14 fahren am Samstag?
Warum fahren am Wochenende weniger Busse als an den Werktagen?

Zeit – Rechnen in Sachsituationen

Marion, Dörte und Jörg schreiben auf, welche Sendungen sie gerne in der Woche im Fernsehen sehen möchten.

Tag	Sendung	Uhrzeit
Sonntag	Löwenzahn	10.35 – 11.00
	Asterix und Obelix gegen Caesar	14.45 – 17.00
	Kummerkasten	19.50 – 20.05
Montag	Einstein	14.10 – 15.00
	Tabaluga	17.50 – 18.15
	Logo	19.50 – 20.00
Dienstag	Tabaluga	17.50 – 18.15
	Logo	19.50 – 20.00
Mittwoch	Tabaluga	17.50 – 18.15
	Logo	19.50 – 20.00
Donnerstag	Tabaluga tivi – Best of	13.05 – 14.10
	Logo	15.50 – 16.00
Freitag	Logo	15.50 – 16.00
	Die Kinder vom Alstertal	16.00 – 16.30
Samstag	Tigerenten Club	15.00 – 16.25
	Löwenzahn	16.50 – 17.15
	Wie erziehe ich meine Eltern?	20.15 – 20.45

1 Wie lange dauern die Sendungen?

a) „Einstein" b) „Die Kinder vom Alstertal" c) „Löwenzahn"

2 a) Wie lange dauert der Spielfilm „Asterix und Obelix gegen Cäsar"?

b) Wie lange dauert der „Tigerenten Club"?

3 Wie viel Zeit sehen die Kinder in der Woche fern?

a) Dörte sieht alle „Tabaluga"-Sendungen.

a) Montag 17.50 Uhr —25 min→ 18.15 Uhr
Dienstag 25 min
Mittwoch 25 min
Donnerstag 13.05 Uhr —65 min→ 14.10 Uhr

b) Jörg sieht alle „Logo"-Sendungen und den „Tigerenten Club".

c) Marion möchte jeden Tag nur 30 Minuten fernsehen. Was kann sie alles sehen?

d) Der große Bruder Uli darf in der Woche 3 Stunden fernsehen. Was könnte er sehen?

e) Schreibe dir selber einen Fernsehplan auf.

Kalender

Juli	Moni	Papa	Mama
1. Di		Zahnarzt 8.15	
2. Mi	Schwimmen 15.00		
3. Do		Joggen	Joggen
4. Fr			
5. Sa	Besuch bei Oma	Besuch bei Oma	Besuch bei Oma

1 a) Erstelle deinen Terminplan für die nächste Woche.
b) Trage auch die Termine deiner Familie ein.

2 a) Sieh in einem Kalender nach: Wann beginnen und wann enden deine Schulferien in diesem Schuljahr im Sommer, Herbst, Winter und zu Ostern? Schreibe in dein Heft.
b) Wie viele Wochen hast du in diesem Schuljahr Ferien?
c) Wie viele Wochen gehst du zur Schule?

3 a) Wie viele Tage gehst du in diesem Schuljahr in die Schule?
b) Wie viele Tage hast du schulfrei?

4 Die Sommerferien von Flex und Flo beginnen am 26. 6. und enden am 10. 8.
a) Wie viele Tage haben sie Schulferien? Wie viele Wochen sind das?
b) Flex will jeden 2. Tag ein bisschen Mathe üben. Schreibe auf, an welchen Tagen er arbeiten wird. An wie vielen Tagen übt er insgesamt Mathe?
c) Am 25. 7. freut sich Flo, dass er noch viele Tage morgens länger schlafen kann. Wie oft kann er noch ausschlafen?
d) Flo fährt mit einer Gruppe vom 30. 6. bis zum 10. 7. weg. Wie viele Tage ist er unterwegs?

5 a) Wenn heute Samstag, der 6. April ist, welcher Tag ist dann in drei Tagen? Schreibe den Wochentag und das Datum auf.
b) Wenn heute Freitag, der 10. August ist, welcher Tag ist dann in sechs Tagen?
c) Erfinde selbst solche Rätsel für deinen Partner.

6 Falsch oder richtig?

a) Meine Mutter ist ein halbes Jahr älter als mein Vater. Sie ist also 200 Tage älter als er.

b) Felix ist 7 Jahre und 4 Wochen alt. Er ist also 370 Wochen alt.

c) Meine Schwester ist vor 4 Wochen und 3 Tagen, am 2. März, geboren. Sie ist also seit 125 Tagen auf der Welt.

Längen

1 a) Was bedeuten die Abkürzungen und Zahlenangaben in dem Bild?
b) Warst du auch schon mal im Zoo? Erinnerst du dich, wie groß die Tiere waren? Schreibe auf, was du noch weißt. Oder schaue in Büchern oder im Internet nach.

2 Sucht auf eurem Schulweg, in Zeitungen oder Prospekten nach Bildern, Fotos oder Schildern mit Längenangaben.
Gestaltet ein Plakat.

Längenvorstellung

1 Sortiere die Gegenstände nach ihrer tatsächlichen Größe.
Beginne bei dem kleinsten Gegenstand.

E, C,

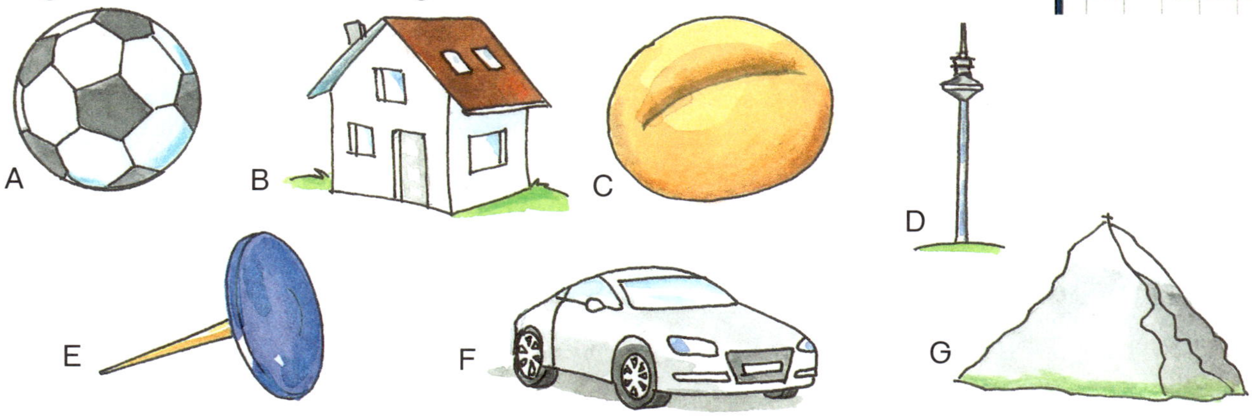

2 Was passt zusammen? Ordne zu.

Stift: 12 cm
Fluss:

Länge eines Stiftes

Länge eines Flusses

190 cm

371 Kilometer

2 m

Länge eines Lineals

12 m

Länge eines Menschen

160 cm

Länge eines Tisches

Länge einer Wäscheklammer

12 cm

4 cm

30 cm

Länge eines Radiergummis

Länge eines Schals

Länge eines Hauses

7 cm

3 a) Wie breit ist eure ausgeklappte Tafel?
b) Wie lang und wie breit ist euer Klassenzimmer?
c) Wie lang ist der Schulflur?

4 Messt den Weg
a) von eurem Klassenzimmer zur Toilette,
b) vom Eingang bis zur Treppe.

5 Forscherauftrag:

Wie hoch ist eure Schule, dein Wohnhaus, der Kölner Dom, der Bundestag in Berlin, das Brandenburger Tor, der Eiffelturm, der nächstgelegene Fernsehturm, das höchste Gebäude in eurer Wohngegend?

Nutze Bücher und das Internet, befrage deine Eltern und andere Personen.

Längen – Kommaschreibweise

AH S. 60

125 cm = 1 m 25 cm = 1,25 m

1 a) Wie groß sind die Kinder?

	1 m	10 cm	1 cm	
Anja	1	2	4	1,24 m

b) Vergleiche die Körpergrößen.
Schreibe fünf Sätze auf.

Marc ist 5 cm größer als Suna.

c) Zeichne ein Streifendiagramm. Zwei Kästchen entsprechen 10 cm.

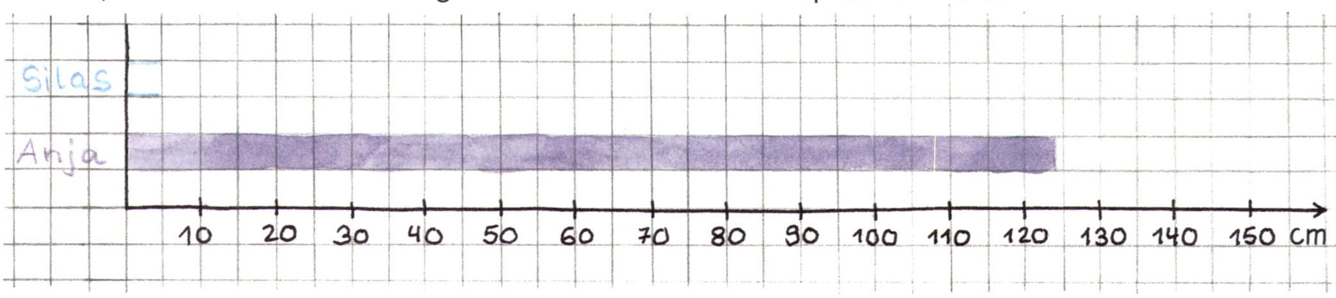

2 Wandle um.

a) 402 cm = __ m
42 cm = __ m
2 cm = __ m
472 cm = __ m

b) 73 cm = __ m
418 cm = __ m
609 cm = __ m
780 cm = __ m

c) __ cm = 2,40 m
__ cm = 0,80 m
__ cm = 5,04 m
__ cm = 0,06 m

402 cm = 4,02 m
42 cm = 0,42 m
2 cm = 0,02 m

3 Übertrage die Tabelle in dein Heft und fülle sie aus.

124 cm		400 cm	85 cm	
1 m 24 cm	2 m 80 cm			5 m 4 cm
1,24 m				

Längen – Millimeter

AH S. 61

Ein Zentimeter hat zehn Millimeter.
1 cm = 10 mm

1 Miss Gegenstände aus deiner Federmappe und schreibe in einer Tabelle auf.

a) Bleistift b) Füller
c) Radiergummi d) …

Gegenstand	Länge
Bleistift	17 cm 3 mm
Füller	

2 Wie lang sind die Strecken?

a) 4 cm 2 mm

a b
c d
e f
g h

3

a)

b)

c)

d)

e)

Miss und schreibe ins Heft.

4 Zeichne die angegebenen Strecken in dein Heft.

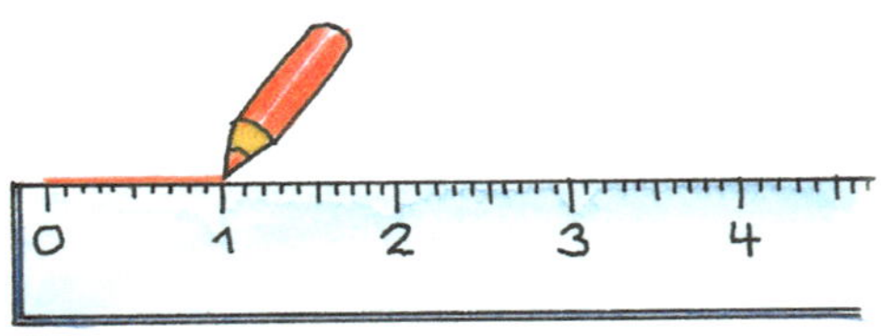

a) 10 mm, 4 mm, 2 mm, 25 mm, 33 mm
b) 5 cm, 1 cm, 7 cm, 10 cm, 3 cm
c) 2 cm 6 mm, 3 cm 8 mm, 6 cm 9 mm, 10 cm 4 mm, 7 cm 0 mm

5 Wie viele Zentimeter und Millimeter sind es?
a) 27 mm, 13 mm, 54 mm, 43 mm
b) 603 mm, 112 mm, 221 mm, 304 mm

a) 27 mm = 2 cm 7 mm
13 mm =

6 Welche Gegenstände würdest du in Millimeter angeben, welche in Zentimeter, welche in Meter? Schreibe immer vier Möglichkeiten auf.

Längen – Kilometer

Ein Kilometer hat 1000 Meter.
1 km = 1000 m
Ein halber Kilometer hat 500 Meter.
$\frac{1}{2}$ km = 500 m
Ein viertel Kilometer hat 250 Meter.
$\frac{1}{4}$ km = 250 m

1 Ergänze zu einem Kilometer.

a) 850 m + 150 m = 1000 m

a) 850 m, 650 m, 250 m, 50 m
b) 460 m, 540 m, 455 m, 545 m
c) 920 m, 935 m, 998 m, 989 m
d) 234 m, 316 m, 607 m, 818 m

2 Ergänze zu einem halben Kilometer.

a) 450 m + 50 m = 500 m

a) 450 m, 250 m, 150 m, 350 m
b) 170 m, 280 m, 365 m, 415 m
c) 422 m, 443 m, 469 m, 408 m
d) 67 m, 362 m, 243 m, 249 m

3 Immer 1000 Meter.

a) 5 · 200 m = 1000 m

a) __ · 200 m
__ · 100 m

b) __ · 500 m
__ · 250 m

c) __ · 125 m
__ · 50 m

d) __ · 20 m
__ · 25 m

4 Kleiner, größer oder gleich? Setze ein: (<), (>), (=)

a) 500 m ◯ $\frac{1}{2}$ km
550 m ◯ $\frac{1}{2}$ km
50 m ◯ $\frac{1}{2}$ km

b) 250 m ◯ $\frac{1}{4}$ km
25 m ◯ $\frac{1}{4}$ km
240 m ◯ $\frac{1}{4}$ km

c) 1 km ◯ 1000 m
$\frac{1}{2}$ km ◯ 750 m
$\frac{1}{2}$ km ◯ $\frac{1}{4}$ km

5 Gib immer die Hälfte an.

a) 400 m, 500 m, 1000 m, 700 m, 260 m, 320 m, 66 m
b) 900 m, 110 m, 180 m, 222 m, 468 m, 554 m, 946 m

Länge	400 m
die Hälfte	200 m

6 Gib immer das Doppelte an.

a) 150 m, 330 m, 99 m, 75 m, 450 m, 125 m, 131 m
b) 77 m, 302 m, 405 m, 445 m, 173 m, 144 m, 369 m

Länge	150 m
das Doppelte	300 m

Rechnen mit Längen

1 Die drei Ergebnisse ergeben zusammen immer 1 km.

a) 212 m + 88 m
235 m + 65 m
379 m + 21 m

b) 130 m + 157 m
212 m + 136 m
241 m + 124 m

c) 304 m + 81 m
288 m + 88 m
156 m + 83 m

2

a) 1000 m – 333 m
1000 m – 444 m
1000 m – 555 m

b) 1000 m – 101 m
1000 m – 110 m
1000 m – 11 m

c) 990 m – 75 m
650 m – 85 m
455 m – 99 m

3 Ergänze zu einem Kilometer.

a) 450 m + 450 m + ___ = 1000 m
501 m + 401 m + ___ = 1000 m
813 m + 7 m + ___ = 1000 m
707 m + 70 m + ___ = 1000 m
333 m + 500 m + ___ = 1000 m

b) 98 m + 102 m + ___ = 1000 m
664 m + 136 m + ___ = 1000 m
285 m + 215 m + ___ = 1000 m
921 m + 78 m + ___ = 1000 m
114 m + 66 m + ___ = 1000 m

4 Finde selbst acht Aufgaben mit der Summe 1000 m.

5

a) 1000 m – ___ = 350 m
1000 m – ___ = 250 m
1000 m – ___ = 100 m

b) 1000 m – ___ = 230 m
1000 m – ___ = 460 m
1000 m – ___ = 710 m

c) 1000 m – ___ = 78 m
1000 m – ___ = 407 m
1000 m – ___ = 654 m

a) 70 cm + 30 cm = 1 m

6 Ergänze zu einem Meter.

a) 70 cm, 89 cm, 12 cm, 25 cm
b) 47 cm, 33 cm, 81 cm, 74 cm
c) 55 cm, 68 cm, 86 cm, 9 cm
d) 2 cm, 22 cm, 54 cm, 93 cm

7 Wandle um. Schreibe in Zentimeter.

a) 2 m
5 m
8 m

b) 10 m
9 m
0 m

c) 1 m 20 cm
1 m 55 cm
1 m 98 cm

d) 3 m 2 cm
4 m 7 cm
8 m 9 cm

e) $\frac{1}{2}$ m
$1\frac{1}{2}$ m
$6\frac{1}{2}$ m

8 Wandle um. Schreibe in Meter.

a) 200 cm
500 cm
700 cm

b) 300 cm
800 cm
900 cm

c) 400 cm
600 cm
1000 cm

d) 1100 cm
1200 cm
2000 cm

a) 200 cm = 2 m

Weg und Zeit

1 Für einen Kilometer braucht ein Kind zu Fuß etwa 20 Minuten.
Wie lange braucht ein Kind für
a) 2 km, b) 500 m, c) 250 m, d) 1 km 500 m?

2 Wie weit wohnen die Kinder ungefähr von der Schule entfernt?
a) Tim geht 15 Minuten.
b) Lea braucht ungefähr 25 Minuten.
c) Paul hat einen Schulweg von 5 Minuten.
d) Jana braucht auch nur 5 Minuten, muss aber rennen – sonst kommt sie zu spät.
e) Simon benötigt 8 Minuten.

3 Ein Kinderschritt hat eine Länge von ungefähr 50 cm.
Rechne aus, wie viele Schritte die Kinder jeden Morgen auf dem Weg zur Schule machen.
Zeichne die Tabelle ins Heft.

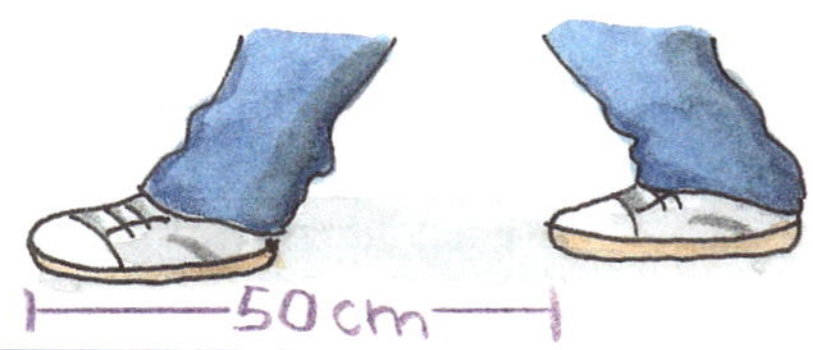

							Theo	Clara	Sine	Ali
Weg	50 cm	1 m	2 m	4 m	5 m	10 m	100 m	500 m	750 m	1000 m
Schritte	1	2								

4 Ein Fußgänger geht in einer Stunde ungefähr vier Kilometer.
a) Wie viele Kilometer geht er in zwei Stunden und dreißig Minuten?
b) Wie lange ist er unterwegs, wenn er zwei Kilometer geht?
c) Wie lange ist er unterwegs, wenn er fünf Kilometer gehen muss?

5 Teile einen Kilometer
a) in 2 gleich lange Strecken,
b) in 4 gleich lange Strecken,
c) in 8 gleich lange Strecken,
d) in 3 ungefähr gleich lange Strecken,
e) in 5 gleich lange Strecken.

Längen – Rechnen in Sachsituationen

Familie Steffen will umziehen und muss die neue Wohnung vorher renovieren.

1 Martin und Bastian wollen ihre Betten im Kinderzimmer hintereinander stellen. Ein Bett ist 1,90 m lang. An welche Seite des Zimmers passen beide Betten?

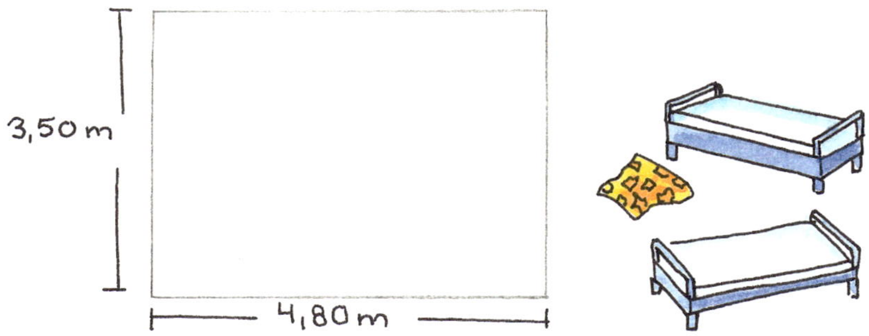

2 Frau Steffen kauft neue Fußleisten für das Wohnzimmer. Zwei Seiten des Raumes sind fünf Meter lang, die anderen zwei Seiten 3,50 m.
An einer langen Seite ist die Türöffnung von einem Meter.
Eine fertig geschnittene Fußleiste ist 4 m lang.
Wie viele Fußleisten muss sie kaufen?

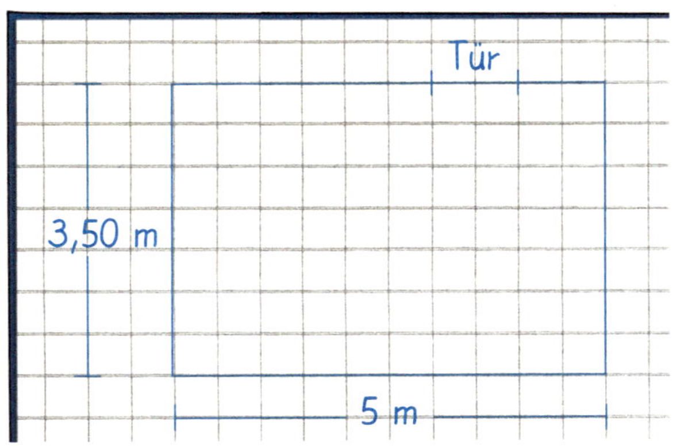

3 Im Badezimmer werden die Fliesen neu verlegt. Es soll eine Bordüre an einer Zimmerseite geben. Die Wand ist 3 m lang. Ronja und Mama überlegen, wie viele Kacheln sie für die Bordüre einplanen müssen, wenn eine Kachel 15 cm lang ist.

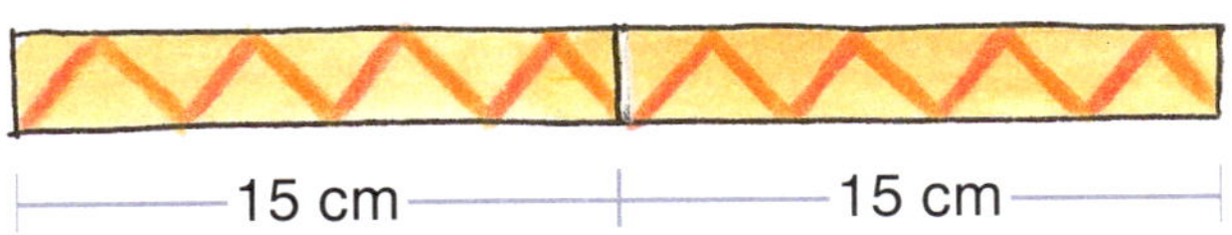

4 Von der alten bis zur neuen Wohnung sind es genau 20 km.
Sie fahren in einer Woche 240 km hin und her. Wie oft ist die Familie gefahren?

5 Martin spitzt den dicken Zimmermannsbleistift mit seinem Taschenmesser an.
Vorher war der Stift 23 cm 4 mm lang. Danach ist er 8 mm kürzer.

Gewicht

1 Suche in Zeitungen, Prospekten und auf Verpackungen nach Bildern, Fotos oder Texten mit Gewichtsangaben. Male oder klebe sie in dein Heft.

Gewichte vergleichen

1 a) Vergleiche das Gewicht deiner Schulmaterialien. Prüfe mit deinen Händen.
b) Schreibe die Gegenstände nach Gewicht geordnet ins Heft.
Beginne mit dem leichtesten.

2 Baue dir eine Kleiderbügel-Waage. Dafür brauchst du einen Bügel und zwei gleich große Papiertüten. Hänge diese an die Enden. Überprüfe, ob du die Gegenstände von oben richtig geordnet hast.

3 Was ist ungefähr genauso schwer wie dieses Flex-und-Flo-Heft?

4 Überprüfe mit der Kleiderbügel-Waage:
a) Dein Bleistift ist schwerer als dein Radiergummi.
b) Dein Lesebuch ist schwerer als deine Federmappe.
c) Dein Klebestift ist leichter als dein Lineal.
d) Dein Farbkasten ist leichter als deine Wachsmalstifte.

5 a) Vergleiche die Gegenstände nach ihrem Gewicht.

Das Heft ist leichter als der Apfel.
Die Flasche ist schwerer als ...

b) Was ist leichter? Was ist schwerer?
Büroklammer, Fußball, Fahrrad

6 Findet den schwersten Ranzen.
Wer hat den leichtesten Ranzen?
Gibt es gleich schwere Ranzen?

7 Bringt Gegenstände, auf denen ihr Gewichtsangaben findet, mit in die Schule.
Richtet damit eine Ausstellung zum Thema Gewichte ein.
Fällt euch etwas auf, wenn ihr eure Packungen vergleicht?

Gewicht – Gramm und Kilogramm

AH S. 62

1

Mit welcher Waage würdest du diese Gegenstände wiegen?
Finde für jede Waage zwei weitere Gegenstände.

Briefwaage	Küchenwaage	Personenwaage
Brief		

2 Suche Dinge, die ungefähr so schwer sind wie a) 1 g, b) 100 g, c) 1000 g.

3 Welche Gewichtsangabe passt zu welchem Gegenstand?

Milch:	1000 g
Salz:	

7 g	15 g	25 g	100 g	250 g	500 g	1000 g

Ein Kilogramm hat 1000 Gramm.
1 kg = 1000 g
Ein halbes Kilogramm hat 500 Gramm.
$\frac{1}{2}$ kg = 500 g
Ein viertel Kilogramm hat 250 Gramm.
$\frac{1}{4}$ kg = 250 g
Eineinhalb Kilogramm haben 1500 Gramm.
$1\frac{1}{2}$ kg = 1500 g

4 Schätze das Gewicht der Gegenstände:
Kreide, Apfel, nasser Schwamm, Buch, Uhr, Hausaufgabenheft, Füller, Farbkasten.
Dann überprüfe mit einer passenden Waage.

Gegenstand	geschätzt	gewogen
Kreide		

4 Für die Aufgabe wird eine Waage benötigt.

Rechnen mit Gewichten

AH S. 62

Rezept für 10 Quarkbrötchen:

250 g	Mehl
1	Ei
1 Tüte	Vanillezucker
1 Prise	Salz
knapp 1 Esslöffel	Zucker
250 g	Quark

ca. 30 Minuten bei 175 Grad backen

1 a) Schreibe die Zutatenliste für 20 Quarkbrötchen auf.
b) Sine backt für ihre Klasse Quarkbrötchen. In der Klasse sind 30 Kinder.
c) Schreibe die Zutatenliste für 5 Quarkbrötchen auf.

2 Ergänze zu einem halben Kilogramm.
250 g 310 g 70 g 55 g 405 g

a) 250 g + 250 g = 500 g

3 a) Ergänze zu 1000 g: 250 g 460 g 550 g 620 g 780 g 890 g
b) Ergänze zu 250 g: 120 g 12 g 25 g 102 g 199 g 222 g

4 Übertrage die Tabelle in dein Heft.
Wie viel Gramm bleiben übrig?

	Zucker	Mehl	Salz	Honig	Marmelade	Butter
Volle Packung	1000 g	1000 g	500 g	500 g	450 g	250 g
verbraucht	770 g	350 g	440 g	140 g	30 g	125 g
Rest	230 g					

5 a) 220 g + 500 g + 75 g
430 g + 430 g + 130 g
150 g + 350 g + 88 g
125 g + 125 g + 125 g
140 g + 560 g + 290 g

b) 35 kg + 12 kg + 23 kg
22 kg + 67 kg + 11 kg
43 kg + 33 kg + 24 kg
19 kg + 2 kg + 21 kg
55 kg + 6 kg + 15 kg

c) 450 kg – 130 kg
235 kg – 45 kg
654 kg – 450 kg
786 kg – 706 kg
904 kg – 596 kg

6 a) Ergänze zu 100 kg: 11 kg 25 kg 77 kg 83 kg 91 kg 98,5 kg
b) Ergänze zu 10 kg: 2 kg 500 g 4 kg 400 g 5 kg 900 g 7 kg 200 g

Gewicht – Rechnen in Sachsituationen

Im Zoo

Die Tiere im Zoo wiegen:

Tier	Geburtsgewicht	aktuelles Gewicht
Gorilla	2500 g	250 kg
Elefant	150 kg	6000 kg
Esel	10 kg	300 kg
Giraffe	70 kg	700 kg
Tiger	1400 g	320 kg
Schwarzbär	350 g	120 kg
Seehund	15 kg	200 kg
Eisbär	500 g	650 kg

1 a) Wie viel wiegen die Tiere bei der Geburt?
Sortiere, beginne mit dem leichtesten Tier.
b) Wie viel wiegen die Tiere heute? Beginne auch hier mit dem leichtesten Tier.

Schwarzbär 350 g

2 Für den Zoo Gelsenkirchen werden zwei neue Giraffen und ein Esel gekauft. Es sind ausgewachsene Tiere. Um den Transport zu planen, müssen die Tierpfleger wissen, wie schwer die Tiere zusammen sind.

3 Im Zoo frisst ein Tiger jeden Tag ungefähr 9 kg Fleisch. Jeden Monat wird das Fleisch beim Großhändler bestellt. Wie viel Kilogramm Fleisch muss der Zoo für zwei Tiger bestellen?

4 Bei der Bestellung für das Futter wird auch die Pflanzennahrung für die Elefanten bestellt. Pro Monat bestellt der Zoo 3000 kg Pflanzen für einen Elefanten. Wie viel Kilogramm Pflanzen frisst ein Elefant ungefähr an einem Tag?

5 Der Eisbär verlässt nach ungefähr 3 Monaten das erste Mal seine Höhle. Dann ist er etwa 30-mal schwerer als bei seiner Geburt. Wie viel Kilogramm wiegt der Eisbär beim Verlassen der Höhle?

6 Suche dir fünf Tiere aus. Wie viel wiegen die Tiere jetzt mehr? Berechne den Unterschied und schreibe ins Heft.

Sachrechnen mit Größen – Auf Fahrradtour

AH S. 63

1 Tom macht mit seinen Eltern im Sommer eine Radtour an der Ruhr entlang. Seine beiden besten Freunde Malik und Luka kommen auch mit. Von Dortmund aus fahren sie mit dem Zug nach Winterberg.

2 Die Fahrt kostet für einen Erwachsenen 21 €. Kinder bezahlen die Hälfte. Für die Fahrräder müssen sie nichts extra bezahlen.

3 Für die Radtour haben Toms Eltern zwei Satteltaschen, einen Rucksack und zwei neue Fahrradhelme gekauft.

4 Toms Vater nimmt seinen Fahrradanhänger mit.
a) Der Anhänger wiegt 8 kg. 45 kg kann man zuladen.
b) Vor der Abfahrt wiegen Tom und sein Vater den Anhänger.
Er wiegt mit Gepäck 36 kg.

5 Die gesamte Route ist 240 km lang. In den ersten drei Tagen wollen sie 64 km bis Arnsberg fahren.

6 Am Sonntag machen sie in Arnsberg einen Tag Pause. Toms Eltern gehen mit den Kindern ins Erlebnisbad.

	Eintritt	Zuschlag am Wochenende
Familientageskarte	19 €	1,50 €
(gilt für 2 Erwachsene und 2 Kinder)		
Kindertageskarte	4 €	0,50 €

7 Von Arnsberg aus fahren sie noch 93 km mit dem Rad bis Hattingen. Dort nehmen sie den Zug bis Mühlheim. Die letzten 16 km bis Dortmund fahren sie wieder Rad.

8 Auf den letzten 16 km zieht Toms Vater den Anhänger dreimal so weit wie Toms Mutter.

Sachrechnen – Daten und Zufall

AH S. 64

1 Für die Schülerzeitung haben Sine und Philipp in ihrer Klasse eine Umfrage zum Thema „Lieblingstier“ gemacht.

a) Zeichne ein Streifendiagramm wie Philipp.

b) Wie viele Kinder haben sich für Delfin, Hund, Katze oder Pferd entschieden?

c) Was ist mit den „anderen“? Welche Tiere könnten das sein?
Warum sind sie nicht einzeln genannt?

2

Befragt die Kinder in eurer Klasse, welche Tiere sie am liebsten mögen.
Wie könnt ihr die Antworten am besten aufschreiben?
Zeichnet auch ein Diagramm für eure Ergebnisse.

3 Das Säulendiagramm zeigt die Anzahl der Jungen und Mädchen in der Martinsschule.
Wofür steht das J und das M im Diagramm?
Was heißt Kl 1 und was heißt Kl 2?
Wie kannst du die Anzahl der Jungen und Mädchen im Diagramm ablesen?
Übertrage die Daten in eine Tabelle. Wie viele Kinder sind es zusammen?

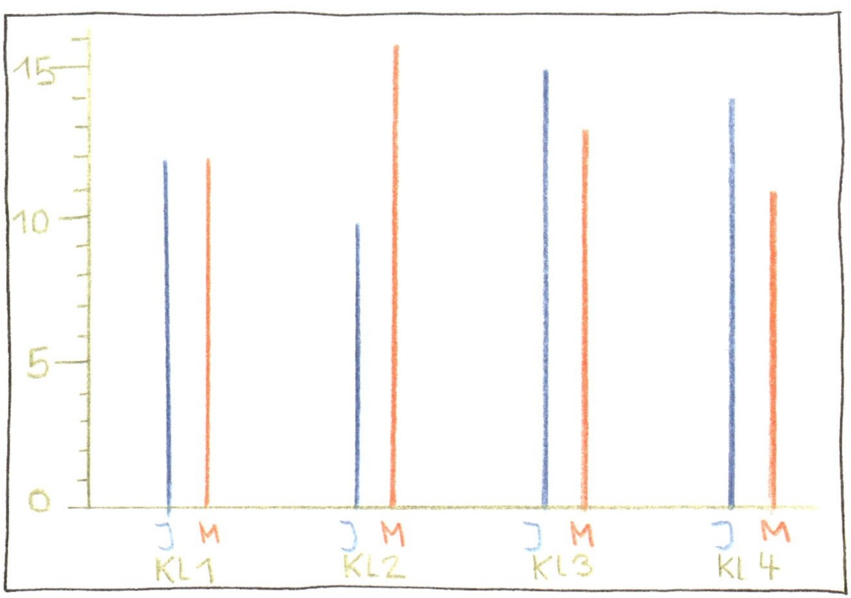

	J	M
Kl. 1	12	
Kl. 2		
Kl. 3		
Kl. 4		
alle		

Sachrechnen – Daten und Zufall

1

Florian, Constantin und Caroline spielen bei Oma Mensch-ärgere-dich-nicht.
Caroline ist sauer, weil Florian immer Sechsen würfelt und sie nur Einsen.
„Dein Würfel ist gemein! Der würfelt viel bessere Zahlen als meiner."
Oma meint, das stimme nicht.

a) Was meint ihr? Probiert es aus.
Wie könnt ihr eure Ergebnisse aufschreiben?

b) Welche Zahl fällt am häufigsten
bei hundertmal Würfeln?

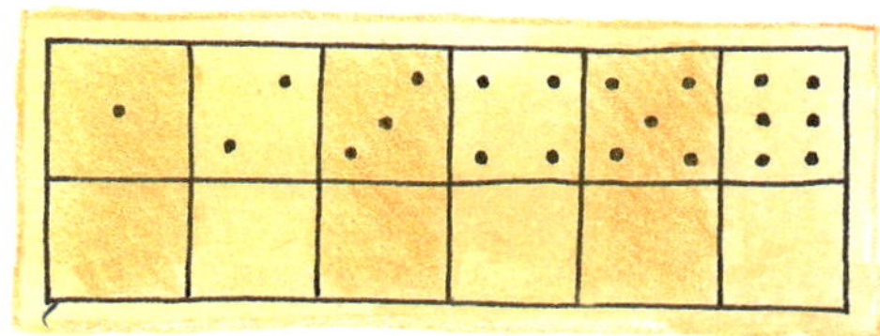

2

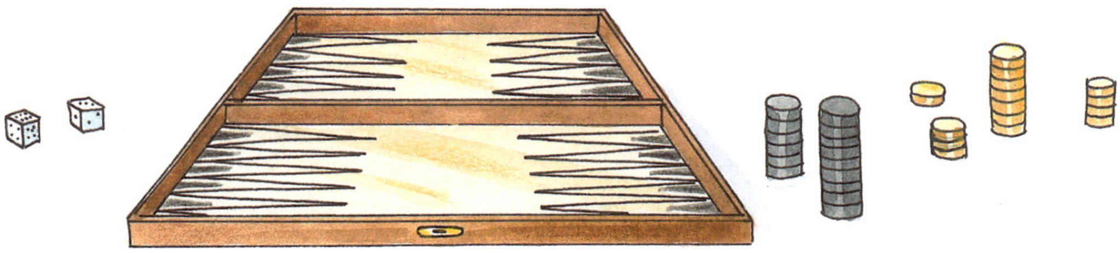

Beim Spiel Backgammon am nächsten Tag brauchen die Kinder 2 Würfel.
„Schon wieder eine Sieben!", ruft Caroline.
Florian meint: „Die bekommt man ja auch am häufigsten!"

a) Würfelt fünfzigmal mit 2 Würfeln.
Tragt eure Würfelsummen in eine Tabelle ein.

b) Hat Florian recht gehabt? Begründet warum.

3 Welche Würfelsummen gibt es beim Würfeln mit 4 Würfeln?

Aufgaben für Entdecker

1

Tom und Katrin bauen Türme aus drei Würfeln.
Sie haben Würfel in drei verschiedenen Farben.
Wie viele verschiedene Türme gibt es, wenn jede Farbe nur einmal vorkommen darf?
Du kannst bauen oder im Heft zeichnen.

2

Im Kiosk gibt es 4 Sorten Süßigkeiten für je 10 Cent.
Monika möchte jeden Tag für 30 Cent drei verschiedene Süßigkeiten kaufen.
Es soll jeden Tag eine andere Zusammenstellung sein.

3

Beim Treffen auf der Skaterbahn klatschen sich die Skater ab, wenn sie sich begrüßen. Heute sind erst 5 Skater da.
Jeder begrüßt jeden.
Wie oft klatschen sich alle zusammen ab?
Du kannst eine Skizze machen oder mit anderen Kindern nachspielen.

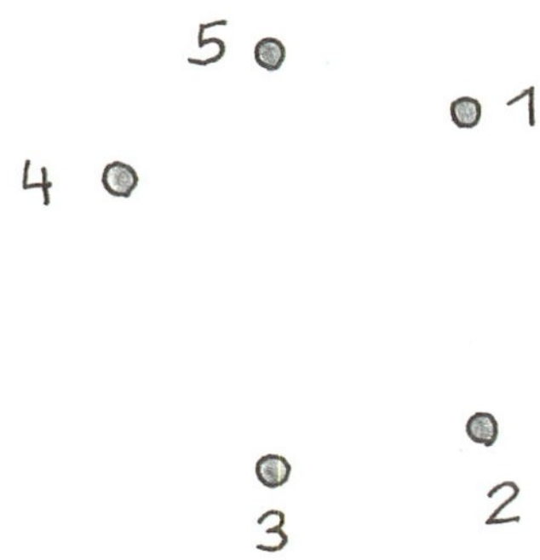

4

In zwei Körben liegen 13 Äpfel.
Tina nimmt aus einem Korb 2 Äpfel heraus und Paul legt in den anderen 3 Äpfel dazu.
Jetzt sind in beiden Körben gleich viele Äpfel.
Wie viele Äpfel waren am Anfang in jedem Korb?

5

Marie sagt zu ihrer kleinen Schwester Lea:
„Wenn du mir einen Bonbon abgibst, habe ich doppelt so viele wie du."
Lea antwortet empört:
„Gib du mir lieber eins ab, dann haben wir wenigstens gleich viele!"
Wie viele Bonbons hat jedes Kind?

6

Jede Pizza für 9,30 €
Suchen Sie 5 Beläge aus!
Salami
Schinken
Oliven
Champignons
Ananas
Paprika

Familie Blank bestellt eine große Pizza.
Es gibt viele verschiedene Zutaten.
Sie wollen eine Pizza mit 5 Belägen bestellen.
Wie viele verschiedene Pizzen könnten sie bestellen?
Eine Tabelle kann dir helfen.

S	SCH	O	C	A	P
x	x	x	x	x	
x		x	x	x	x

7

Herr Kämpfer will für seine Enkelkinder Geschenke einpacken.
Jedes Päckchen soll anders aussehen.
Er hat gelbes und grünes Geschenkpapier und rotes und blaues Geschenkband.
Auf jedes Paket will er noch einen Sticker machen, er hat Sticker in lila und in orange.
Wie viele verschiedene Päckchen kann er machen?

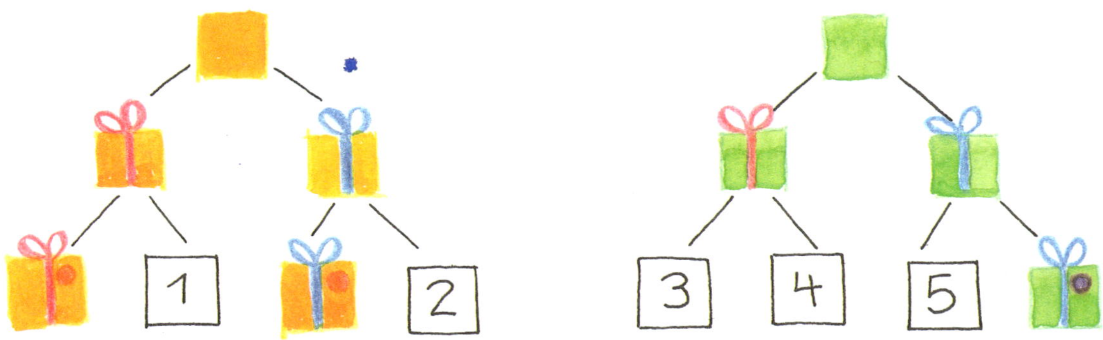

An welche Stelle gehören die übrigen fünf Pakete?

8

Toms großer Bruder hat ein neues Handy. Seine Pin-Nummer hat er bereits nach zwei Wochen vergessen. Er weiß noch, dass die erste Ziffer eine 3 ist.
Die anderen Ziffern sind 5, 7 und 9. Die Reihenfolge weiß er aber nicht mehr.
Er versucht alle Möglichkeiten für die Reihenfolge zu finden.

a) Welche Möglichkeiten gibt es?
b) Toms Pin-Nummer besteht aus den vier Ziffern 1, 2, 4 und 8.
   Wie viele Möglichkeiten für die Reihenfolge gibt es?

3	5	7	9
3	7	5	9

Das kann ich jetzt

1 Finde eine passende Frage und löse die Aufgabe.

a) Paula hat 10 € gespart. Sie kauft sich ein Buch für 7 € und ein Lesezeichen für 1 €.

b) Lea hat 5 Jungen und 6 Mädchen zu ihrem Geburtstag eingeladen. Sie wird 10 Jahre alt.

2 In der Klasse sind 26 Kinder. Es sind 14 Jungen und 12 Mädchen.
7 Kinder können noch nicht schwimmen.

3 Denke dir die fehlenden Angaben aus und löse die Aufgabe.
a) Ella kauft 3 Eis mit 2 Kugeln. Wie viel muss sie bezahlen?
b) Malik ist 2 Jahre älter als Paul. Wie alt ist Malik?

4 Welche Skizze passt zu der Aufgabe?

Tom ist 5 cm kleiner als Emma.
Emma ist 139 cm groß.
Wie groß ist Tom?

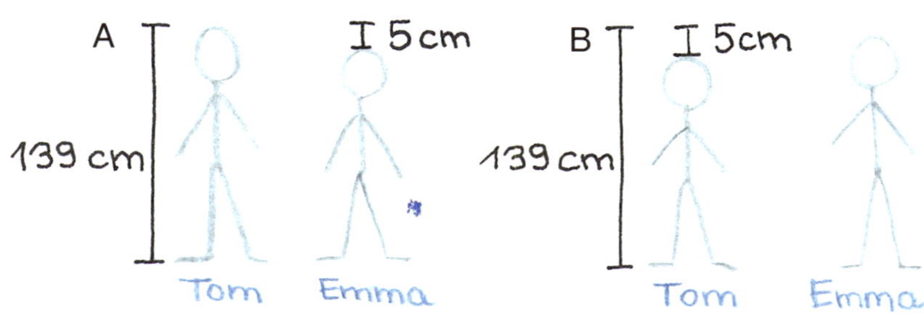

5 Schreibe als Kommazahlen.

a)	b)	c)	d)	e)
127 ct	470 ct	60 ct	2 € 15 ct	8 € 15 ct
304 ct	83 ct	6 ct	1 € 4 ct	7 € 2 ct
723 ct	401 ct	170 ct	5 € 20 ct	6 € 40 ct

6 Schreibe als Kommazahlen. Sortiere der Größe nach.
a) Beginne mit dem kleinsten Betrag.
5 € 20 ct 180 ct 3 € 1 ct 10 ct 200 ct 8 € 10 ct
b) Beginne mit dem größten Betrag.
7 € 40 ct 47 € 4 € 70 ct 478 ct 4,07 € 4 € 4 ct

7 Ergänze zum nächsten vollen Eurobetrag.

a)	b)	c)
3,20 € + ___ = 4,00 €	6,30 € + ___ = 7,00 €	7,04 € + ___ = ___
2,60 € + ___ = 3,00 €	10,70 € + ___ = 11,00 €	4,51 € + ___ = ___
8,90 € + ___ = 9,00 €	9,95 € + ___ = 10,00 €	0,78 € + ___ = ___
2,10 € + ___ = 3,00 €	7,20 € + ___ = 8,00 €	3,11 € + ___ = ___

8

a)	b)	c)
4,70 € − ___ = 4,00 €	5,10 € − ___ = 5,00 €	3,45 € − ___ = ___
6,40 € − ___ = 6,00 €	7,50 € − ___ = 7,00 €	2,08 € − ___ = ___

Das kann ich jetzt

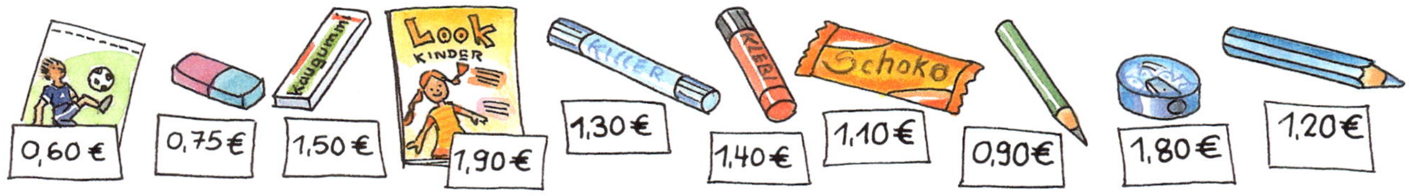

1 a) Kai kauft einen Anspitzer und ein Kaugummi.
b) Mona kauft die Kinderzeitschrift und einen Buntstift.

2 a) Anne hat 4 €. Sie kauft einen Schokoriegel.
b) Malte hat 2 €. Er kauft ein Radiergummi.

3 a) Jan kauft 4 Tüten mit Sammelbildern.
b) Herr Klein kauft 8 Bleistifte.

4 Wie viel kosten die Dinge einzeln?
a) 4 Hefte kosten 4,20 €. b) 5 Pinsel kosten 6,50 €.

5 Rechne schriftlich.

a)	b)	c)	d)
5,41 € + 6,29 €	2,18 € + 8,89 €	12,02 € – 7,45 €	15,36 € – 7,08 €
3,87 € + 5,04 €	4,77 € + 6,86 €	13,26 € – 5,58 €	20,23 € – 4,57 €

6 Wie viele Stunden und Minuten sind es?
a) 90 min, 120 min, 180 min, 230 min b) 125 min, 233 min, 401 min, 97 min

7 Wie viele Minuten sind es?
a) 2 h, 5 h, 10 h, 3 h, 8 h b) 1 h 20 min, 2 h 40 min, 3 h 50 min, 4 h 10 min

8 Wie viele Sekunden sind es?

a)	b)	c)	d)
2 min	5 min	2 min 10 s	10 min 50 s
4 min	8 min	3 min 20 s	1 min 8 s

9 Wie viel Zeit ist vergangen?
a)
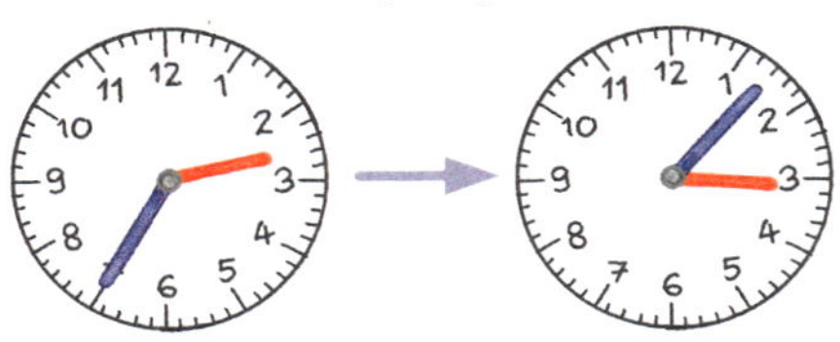
b)
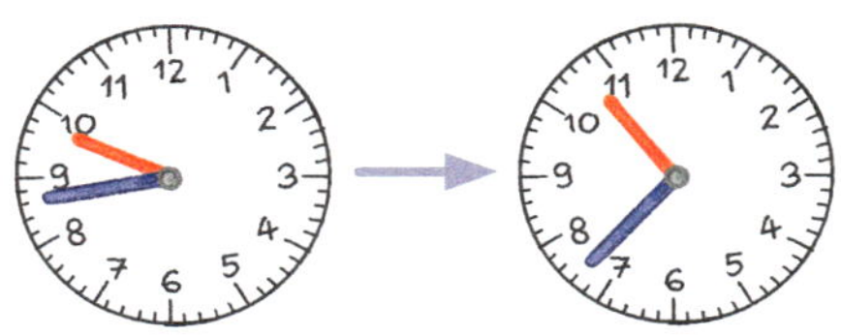

10 Wie spät ist es in

a) 20 min,
b) 48 min,
c) 35 min,
d) 59 min?

11 Wie spät ist es in

a) 1 h 20 min,
b) 2 h 12 min,
c) 1 h 35 min,
d) 3 h 50 min?

Das kann ich jetzt

1 Wandle um.

a) 1,23 m = __ cm
4,06 m = __ cm

b) 465 cm = __ m
902 cm = __ m

c) 6 m 34 cm = __ m
23 m 6 cm = __ m

2 Zeichne die Strecken in dein Heft.

a) 21 mm 40 mm 6 mm 18 mm

b) 2 cm 2 mm 3 cm 5 mm 4 cm 6 mm

3 Wandle um.

a) 4 cm 4 mm = __ mm
30 cm 2 mm = __ mm

b) 65 mm = __ cm __ mm
123 mm = __ cm __ mm

c) 71 mm = __ cm __ mm
84 mm = __ cm __ mm

4 Ergänze zu einem Kilometer.

a) 500 m + __ m = 1 km
435 m + __ m = 1 km

b) 940 m
237 m

c) 845 m
632 m

d) 907 m
504 m

e) 62 m
80 m

5 Kleiner, größer oder gleich? Setze ein: (<), (>), (=)

a) 400 m ◯ $\frac{1}{2}$ km
700 m ◯ $\frac{1}{2}$ km

b) 150 m ◯ $\frac{1}{4}$ km
250 m ◯ $\frac{1}{2}$ km

c) $\frac{1}{4}$ km ◯ 120 m
$\frac{1}{4}$ km ◯ 250 m

6 Ergänze zu einem Kilogramm.

a) 200 g + __ g = 1 kg
700 g + __ g = 1 kg

b) 750 g
230 g

c) 450 g
604 g

d) 68 g
39 g

e) 19 g
7 g

7

a) 480 g + 160 g
605 g + 380 g

b) 840 g – 518 g
508 g – 204 g

c) 948 g – 39 g
714 g + 42 g

8 Sine und Philipp haben in ihrer Klasse eine Umfrage zum Thema „Hobby" gemacht.
Zeichne ein Streifendiagramm zu dem Ergebnis.